罐沙拉

美味轻食

U0305765

[法] 安娜·哈莱姆·巴克特 著 孙萍 译

罐沙拉

美味轻食

北京出版集团公司
北京美术摄影出版社

目录

引言

我们中的许多人都发现自己生活在这样的一个世界之中：常在行程中匆忙就餐或被迫在办公环境就餐，似乎有两个令人担忧的问题：被打包的沙拉最后变得潮湿，菜叶也变成不太新鲜的棕色并且有点蔫了（更糟糕的是，沙拉有可能会撒得你整个包里都是）；或者买来的沙拉味道平平却索价奇高，让你不禁会想，要是你自己做的话，一定会做得更好（花费也会更少）。

为何使用罐子制作沙拉

谁会想到将沙拉储存在一个罐子中会让忙碌的午餐变得更加新鲜、简单而又便宜呢？将一罐沙拉扔进你的提包而不用再玩"午餐吃什么"的游戏了。罐子使沙拉配料更长久地保持新鲜，更便于携带、更方便、封闭性也更好，并且还可以对沙拉进行分量控制。

这种沙拉的灵感来自我年轻时的大虾冷盘，沙拉的食材可多可少。大罐沙拉富含全谷物、蛋白质和丰盛的蔬菜，以使你在晚餐前远离零食。小罐沙拉则别富风情，量少而较易消化的谷物十分适合在饥饿感较轻的日常食用或作为配菜食用。

所有的沙拉食谱听起来都特别有益营养，它们包含许多新鲜蔬菜，有益于心脏健康的脂肪以及全谷物，因此，吃沙拉的时候就像是在享受一顿大餐，而不是一道开胃菜。

还在等什么？快来体验快乐的沙拉罐吧！

设备

虽说将沙拉装进罐子只需要很少的设备，但下面是一些很有用的物品，它们将缩短你的准备时间并使你享受制作罐装沙拉的过程。

· 广口瓶——这些瓶子会使沙拉储存和食用变得更容易
· 沙拉脱水器——使制作沙拉用的绿色蔬菜变得清洁、干爽
· Y形削皮器——用来削长形蔬菜的皮·曼陀林切片机或手持切片机——用于切超薄的薄片或切丝
· 长柄橡胶刮刀——用于将最后一滴调料取出

准备时间

有些食谱需要事先煮好谷物，P10的谷物与烹饪计划将指导你具体做法。剩下的煮熟的谷物可放在密封袋中冷冻起来。当你需要它们的时候，可以很方便地取出你所需要的东西。

定制私人罐沙拉

将原料正确地分层是成功制作沙拉的关键。调料应始终放在最底层，再在上面放上原料，这会使浸泡在调料中的洋葱和茴香等原料入味。如果你不打算当天就食用沙拉的话，油炸面包块和坚果等原料应该用烘焙油纸包好与其他食材分隔开并放在最顶层，以防它们变软。应该在你打算食用沙拉的当天再加入新鲜水果。如果想延长沙拉的保鲜期，应确保所有的绿色蔬菜都保持干燥。

1. 第一层：

为了防止沙拉变质，应该始终将调料放在最底层。对于小罐子来说，我建议使用1~2汤匙的调料；而对于大罐子来说，建议使用2~4汤匙的调料。冷藏后油会凝固，因此，在试图摇匀沙拉之前，先将沙拉置于室温下。

2. 第二层：

在罐子的第二层应该放硬脆的蔬菜，蔬菜浸泡在调料中能入味并被软化。比如各种洋葱、茴香、番茄和胡萝卜等。一些豆类植物，如小扁豆和鹰嘴豆等也很适合放在第二层，它们应该被调料充分覆盖，以均匀吸收。

3. 第三层：

大米、大麦及小麦粒等粉质胚乳比较重的谷物应该放在第三层，这样，它们就不会将较轻的原料压倒了。如果你的沙拉里没有谷物的话，可以在这里加入你额外想加的蔬菜。

4. 第四层：

如果你计划在24小时之内食用沙拉的话，那么就在谷物上方加入鱼肉、鸡肉或重乳酪（如菲达奶酪）等。如果不加蛋白质的话，可以另加一层蔬菜。

5. 第五层：

较软的水果和蔬菜很适合放在这一层：（如果没被放在第二层的话，可以考虑放在这一层）如烤红薯或南瓜、牛油果、草莓、芒果和番茄。由于它们的水分和酸的含量很高，因此，最好在你计划食用沙拉的当天加入较软的水果。

6. 第六层：

在这一层可以加古斯古斯（一种北非小米）或藜麦等较轻的谷物。如果你已经放了较重的谷物，那么，可以在这一层放较轻的绿色蔬菜。试试新的蔬菜——甜菜根、嫩卷心菜、羽衣甘蓝、唐莴苣和球芽甘蓝等，这些蔬菜比你每天吃的莴苣含有更丰富的营养。

7. 第七层：

新鲜的莴苣、芝麻菜和嫩菠菜等较轻的绿色蔬菜应该放在这一层。

8. 第八层：

帕尔玛奶酪屑或奶酪块等轻乳酪以及坚果、油炸面包块、种子和薯条应该被放在这一层。任何有可能变得潮湿的东西都应该用一块方形的烘焙油纸将其与叶片类食材分隔开来，并在你打算食用沙拉的当天再将其加入。

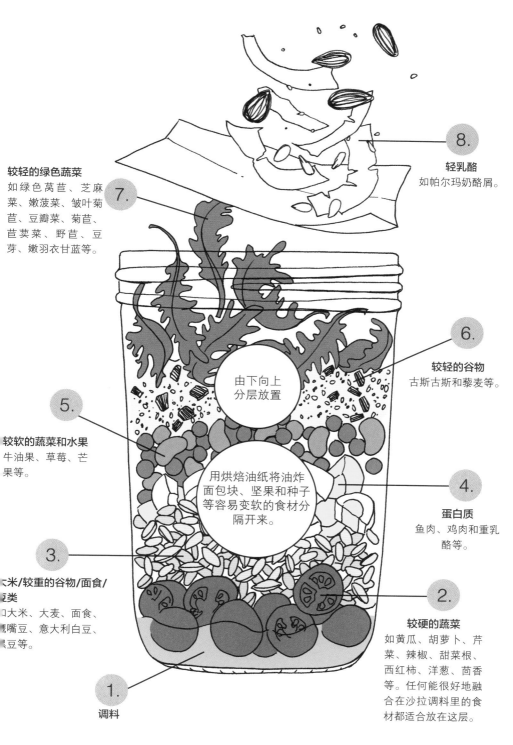

较轻的绿色蔬菜
如绿色莴苣、芝麻菜、嫩菠菜、皱叶菊苣、豆瓣菜、菊苣、苣荬菜、野苣、豆芽、嫩羽衣甘蓝等。

7.

8.

轻乳酪
如帕尔玛奶酪屑。

由下向上分层放置

6.

较轻的谷物
古斯古斯和藜麦等。

5.

较软的蔬菜和水果
牛油果、草莓、芒果等。

用烘焙油纸将油炸面包块、坚果和种子等容易变软的食材分隔开来。

4.

蛋白质
鱼肉、鸡肉和重乳酪等。

3.

大米/较重的谷物/面食/豆类
如大米、大麦、面食、鹰嘴豆、意大利白豆、黑豆等。

2.

较硬的蔬菜
如黄瓜、胡萝卜、芹菜、辣椒、甜菜根、西红柿、洋葱、茴香等。任何能很好地融合在沙拉调料里的食材都适合放在这层。

1.

调料

谷物与烹饪计划

谷物是可以加入任何健康的沙拉的绝佳补充食材。它们将使你几个小时内保持不饿，并让你在口感和味道方面都比较满意。下面的所有谷物都需要放在炖锅中，加入凉水，等水沸腾后盖上锅盖并炖至建议的烹饪时间。许多谷物都需要在加水前放在干锅中烘烤。

储存煮熟的谷物

一旦将谷物煮熟，就需要滤去多余的水分并将其放在密封的容器内，可储存5天。或者，将其放入上方带拉链的袋子中冷冻，可保存6个月。未煮熟的谷物应该储存在密闭容器中并置于阴凉避光处，可保存6个月，或冷冻起来，可保存一年之久。

100g谷物	加水量	炖煮时间	是否有麸质	重量
菰米	375ml	加盖煮45~55分钟	有	大约250g
脱壳荞麦	450ml	加盖煮10分钟	有	大约270g
小麦	350ml	加盖煮25分钟	无	大约200g
斯佩尔特小麦	300ml	加盖煮60~70分钟	无	大约230g
小麦粒的粉质胚乳	325ml	加盖煮60分钟	无	大约240g
碾碎的干小麦（中级）	450ml	加盖煮10分钟	无	大约200g
卡姆小麦	300ml	加盖煮45~60分钟	无	大约200g
藜麦（红色或白色）	225ml	加盖煮10分钟，将蒸汽放出后再加热10分钟	有	大约200g
大麦（整粒带壳或整粒不带壳）	350ml	加盖煮25分钟	无	大约300g
糙米（长颗粒）	300ml	加盖煮30~35分钟	有	大约250g

选购水果和蔬菜

　　美国环境工作小组（EWG）每年都要编制一份名为"农药残留较多食材Top 12"的水果和蔬菜清单。经测试，这些农产品中的每一种在农药浓度方面都比其他农产品的含量高，因此建议你在购买这些农产品时一定选购有机的。

　　最近，美国环境工作小组又编制了"农药残留较少食材Top 15"，即那些最不可能含有农药残留物的农产品清单，在购买这类农产品时可以适当选购非有机的。当你采购时，可以参考下面的清单作为参考。

农药残留较多食材Top 12

苹果
芹菜
圣女果
黄瓜
葡萄
油桃
水蜜桃
马铃薯
豌豆
菠菜
草莓
甜椒

（除此之外还有辣椒和羽衣甘蓝）

农药残留较少食材Top 15

芦笋
牛油果
甘蓝
甜瓜
花椰菜
茄子
葡萄柚
猕猴桃
芒果
洋葱
木瓜
菠萝
甜玉米
甜豆
红薯

沙拉调味汁

　　沙拉调料就像是沙拉的黏合剂，将各种原料和谐地混合在一起。随意将调料与沙拉混合或搭配，或者加入香料、香葱或大蒜以使口味更浓烈。

香醋调味汁·柠檬调味汁
特调芝麻酱·法式调味汁
泰国提神酒·恺撒调味汁
绿色女神·红葡萄酒调味汁
苹果醋调味汁·奶油酱·杏仁味噌酱

香醋调味汁

250ml调味汁——备餐时间：5分钟

所需食材

2咖啡匙量的第戎芥末·75ml香醋

150ml特级初榨橄榄油·盐·胡椒

将第戎芥末、醋和橄榄油放入一个小罐中并调味。
封好罐子并用力摇匀。

柠檬调味汁

150ml调味汁——备餐时间：5分钟

所需食材

1咖啡匙量的柠檬皮·1个柠檬榨汁（50ml）·2咖啡匙量的第戎芥末
1粒蒜瓣，剁碎·100ml特级初榨橄榄油
盐·胡椒

将柠檬皮、柠檬汁、第戎芥末、大蒜和橄榄油放入一个小罐中并调味。
封好罐子并用力摇匀。

特调芝麻酱

125ml芝麻酱——备餐时间：10分钟

所需食材

25g生姜片，去皮并磨碎・1粒蒜瓣，剁碎
2汤匙量的柠檬汁・2汤匙量的芝麻酱
2咖啡匙量的枫糖浆・1汤匙量的橄榄油

将生姜、大蒜、柠檬汁、芝麻酱、枫糖浆和橄榄油放入
一个小罐中并调味。封好罐子并用力摇匀。

法式调味汁

250ml调味汁——备餐时间：5分钟

所需食材

2咖啡匙量的第戎芥末·75ml白葡萄酒醋·150ml橄榄油
2汤匙量的香葱，剁碎·1咖啡匙量的龙蒿，剁碎
盐·胡椒

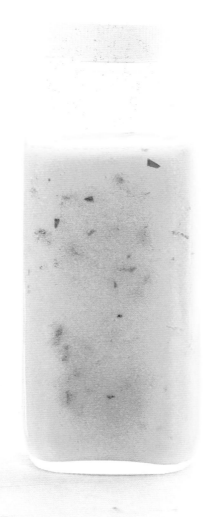

将第戎芥末、白葡萄酒醋、橄榄油、香葱和龙蒿放入一个
小罐中并调味。封好罐子并用力摇匀。

泰国提神酒

100ml提神酒——备餐时间：10分钟

所需食材

25g生姜片，去皮并细细磨碎·1粒蒜瓣，细细磨碎
1/4个红辣椒，细细磨碎·2汤匙量的青柠汁
1汤匙量的低钠酱油·1咖啡匙量的蜂蜜
1汤匙量的鱼露·1咖啡匙量的植物油

将生姜、大蒜、辣椒、青柠汁、酱油、蜂蜜、鱼露和植物油
放入一个小罐中并调味。封好罐子并用力摇匀。

恺撒调味汁

80ml调味汁——备餐时间：10分钟

所需食材

1个柠檬榨汁，柠檬皮剁碎·2粒蒜瓣，细细磨碎
1条凤尾鱼，剁碎·2咖啡匙量的第戎芥末
半咖啡匙量的伍斯特沙司·30g磨碎的帕尔玛奶酪
半咖啡匙量的粗研的黑胡椒粉·75g低脂希腊酸奶

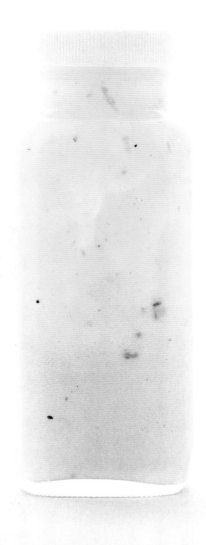

将柠檬皮与柠檬汁、大蒜、凤尾鱼、第戎芥末、伍斯特沙司、帕尔玛奶酪、黑胡椒和酸奶放入一个小罐中。封好罐子并用力摇匀。

绿色女神

275ml调味汁——备餐时间：10分钟

所需食材

1个牛油果，去皮并去核·2汤匙量的柠檬汁
1汤匙量的龙蒿，剁碎·1小把罗勒叶·1棵小葱，大致切碎
6汤匙量的特级初榨橄榄油·4汤匙量的水

用搅拌机将牛油果、柠檬汁、龙蒿、罗勒叶、小葱、橄榄油和水打成糊状，直至完全搅匀。将其储存在一个密封的容器中。

红葡萄酒调味汁

250ml调味汁——备餐时间：5分钟

所需食材

75ml红葡萄酒醋・2咖啡匙量的第戎芥末
150ml特级初榨橄榄油・盐・胡椒

将红葡萄酒醋、第戎芥末和橄榄油放入一个小罐中并调味。
封好罐子并用力摇匀。

苹果醋调味汁

250ml调味汁——备餐时间：5分钟

所需食材

2咖啡匙量的全麦芥末·75ml苹果醋

150ml特级初榨橄榄油·盐·胡椒

将芥末、苹果醋和橄榄油放入一个小罐中并调味。
封好罐子并用力摇匀。

奶油酱

125ml调味汁——备餐时间：5分钟

所需食材

55g原味酸奶·55g酸奶油·2汤匙量的柠檬汁
1汤匙量的切好的细叶芹·盐·胡椒

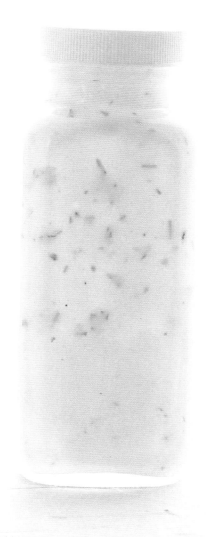

将酸奶、酸奶油、柠檬汁和细叶芹放入一个小罐中并调味。
封好罐子并用力摇匀。

杏仁味噌酱

制作130ml味噌酱——备餐时间：10分钟

所需食材

15g生姜片，去皮并细细磨碎·1咖啡匙量的白味噌

1咖啡匙量的磨碎的红辣椒·2汤匙量的奶油杏仁黄油

1咖啡匙量的枫糖浆·1汤匙量的柠檬汁

2~4汤匙量的水·2汤匙量的特级初榨橄榄油

将生姜、味噌、辣椒、杏仁黄油、枫糖浆、柠檬汁、水和橄榄油放在
一个小碗中一起搅拌。将其储存在一个密闭容器中。

生食

　　生食饮食能为身体健康带来一系列的好处，如减重和降低血压等。在本章里，你将找到营养丰富、五颜六色、美味可口的生食和素食沙拉。本章的所有食谱都是在容量为500ml的罐子里完成的。

羽衣甘蓝、牛油果与石榴·素食精华
小萝卜、胡萝卜与羽衣甘蓝·爽口甘蓝
大杂烩·东南亚沙拉·南瓜与柠檬

羽衣甘蓝、牛油果与石榴

500ml罐沙拉——备餐时间：10分钟

所需食材

1~2汤匙量的特调芝麻酱（见P18）

85g托斯卡纳羽衣甘蓝或意大利深绿甘蓝，去掉粗茎并将叶子细切

半个小牛油果，去皮、去核并切丁·1小把混合芽菜

（如西蓝花、鹰嘴豆、小扁豆、苜蓿、小萝卜）·1小把石榴籽

1汤匙量的混合种子（如南瓜籽和葵花子）

这种沙拉富含抗氧化物、有益于心脏健康的脂肪和钾元素。

AO 抗氧化　　**RT** 降低血压　　**RM** 富含矿物质

　　将特调芝麻酱与切成薄片的羽衣甘蓝放在一起搅拌。将一半的羽衣甘蓝
放入一个容量为500ml的罐子的底部。上面放入牛油果，再放入剩余的羽
　衣甘蓝，随后放入芽菜，再放入石榴籽和混合种子。将罐子密封好。

素食精华

500ml罐沙拉——备餐时间：10分钟

所需食材

1~2汤匙量的杏仁味噌酱（见P34）·30g切得很细的茴香
50g圣女果·1小根胡萝卜，切成薄片
40g无籽黄瓜，切半并切成薄片
50g冷藏甜玉米·半个小牛油果，去皮、核并切片

这种沙拉具有较好的排毒作用，能有效增强免疫力。

DX 排毒　DI 增强免疫力　SG 不含麸质

将杏仁味噌酱放入一个容量为500ml的罐子的底部。先加入茴香，再加入圣女果，随后加入胡萝卜、黄瓜和甜玉米，最后再加入牛油果（如果你当天食用的话）。将罐子密封好。

小萝卜、胡萝卜与羽衣甘蓝

500ml罐沙拉——备餐时间：10分钟

所需食材

1~2汤匙量的绿色女神调味汁（见P26）·2个小萝卜（大约60g），切片
50g胡萝卜，去皮并大体磨碎·25g葡萄干
1~2棵小葱，切末·1把嫩羽衣甘蓝

这种沙拉对于皮肤、视力、消化系统和预防感染都大有益处。

PP 皮肤净化　**D** 有助于消化　**DI** 增强免疫力

将调味汁放入一个容量为500ml的罐子的底部。先加入小萝卜，然后加入
胡萝卜，随后加入葡萄干、小葱和嫩羽衣甘蓝。将罐子密封好。

爽口甘蓝

500ml罐沙拉——备餐时间：10分钟

所需食材

1~2汤匙量的苹果醋调味汁（见P30）·2棵小葱，切末

85g紫甘蓝，切碎·1根芹菜梗，切碎

半根红辣椒或黄辣椒，去籽并切丝·1个小萝卜，细切

这种沙拉富含维生素C，能改善你的免疫系统，
使你的皮肤保持年轻。

H 保湿　DI 增强免疫力　RP 修复皮肤

将调味汁放入一个容量为500ml的罐子的底部。先加入小葱，然后加入
紫甘蓝，随后加入芹菜、辣椒和小萝卜。将罐子密封好。

大杂烩

500ml罐沙拉——备餐时间：10分钟

所需食材

1~2汤匙量的特级初榨橄榄油·2棵小葱，切末
50g圣女果，切半·175g芜菁，（不去皮）大体磨碎
半个黄椒，去籽并切碎·55g无籽黄瓜，切块

这是一种使你的消化系统保持健康的沙拉。

D 有助于消化　**DI** 增强免疫力　**DX** 排毒

将橄榄油放入一个容量为500ml的罐子的底部。先加入小葱，再加入圣女果，
随后加入芜青和黄椒，最后再加入黄瓜。将罐子密封好。

东南亚沙拉

所需食材

1~2汤匙量的泰国提神酒（见P22）·1小根胡萝卜，去皮并切丝

30g金针菇·1棵小油菜（大约75g），细切

20g腰果（如果当天不吃就用烘焙油纸将腰果与其他食材分隔开）

这种沙拉富含维生素A，对视力、免疫系统和生殖系统都是必需的。

AO 抗氧化　I 抗感染　R 有益于生殖系统

将泰国提神酒放入一个容量为500ml的罐子的底部。先加入胡萝卜，
随后加入金针菇和小油菜，最后再加入腰果。将罐子密封好。

南瓜与柠檬

500ml罐沙拉——备餐时间：5分钟

所需食材

1咖啡匙量的柠檬皮·1汤匙量的柠檬汁·1汤匙量的特级初榨橄榄油

150g西葫芦（或小胡瓜、黄南瓜、扁圆南瓜），切成薄片

15g混合微型蔬菜（如芝麻菜或羽衣甘蓝）·盐·胡椒

这种沙拉是净化血液并将毒素冲洗干净的佳品。

H 保湿 DX 排毒 P 净化

将柠檬皮、柠檬汁、橄榄油以及少许盐和胡椒放入一个容量
为500ml的罐子的底部。加入南瓜并旋转罐子以使南瓜全部
浸泡在橄榄油中。最上面撒上微型蔬菜。

小·罐

　　尽管沙拉罐体积小巧，却被塞得满满的。在这一章里，你会发现沙拉既非常适合比较简单的午餐，又是正餐的最佳搭档。如果想让餐饮变得更丰盛一点，你只需要将原料加倍并使用容量为一升的罐子即可。记得使用烘焙油纸以隔离任何可能会变软的原料，如油炸面包块和坚果等。

绿色沙拉·无花果与蓝纹奶酪
球芽甘蓝、帕尔玛奶酪与美洲山核桃
蓝莓、菲达奶酪与核桃·芹菜与帕尔玛奶酪
柠檬小胡瓜面条·芝麻菜、茴香与帕尔玛奶酪
块根芹与甜菜根奶油酱
西蓝花、羽衣甘蓝与卡姆小麦
黑豆与玉米·西瓜、番茄与菲达奶酪
利马豆、石榴与香蒜酱
烤辣椒、豆类与山羊奶酪·草莓与哈罗米奶酪
熏鲑鱼、酸豆与豆瓣菜·葡萄柚、开心果与豆瓣菜
芦笋与豆瓣菜·塔博勒沙拉
圣女果、马苏里拉奶酪与芝麻菜
小麦、苹果与椰枣·金枪鱼、茴香与鹰嘴豆

绿色沙拉

所需食材

30g西蓝花，切成薄片·30g芦笋，去掉粗茎并切成薄片
10g嫩菠菜叶·1~2汤匙量的苹果醋调味汁（见P30）

这种沙拉富含人体所必需的脂肪酸、钙元素和铁元素，蛋白质含量高，有助于控制血糖。

D 有助于消化 **R** 增强体力 **G** 稳定血糖

将调味汁放入一个容量为500ml的罐子的底部。先加入西蓝花，随后加入芦笋和菠菜，将罐子密封好。

无花果与蓝纹奶酪

500ml罐沙拉——备餐时间：5分钟

所需食材

2个鲜无花果或干无花果，去茎并切成厚片·30g蓝纹奶酪，切碎

20g核桃，大致切碎·1~2汤匙量的香醋调味汁（见P14）

1小棵香葱，切末·10g皱叶菊苣

无花果是纤维、钾元素与钙元素的重要来源：纤维有助于控制体重，钾元素有助于控制血压，而钙元素则是骨骼生长所必需的矿物质。

DC 控制体重　**LF** 抑制饥饿感　**G** 稳定血糖

将调味汁放入一个容量为500ml的罐子的底部。先加入香葱，再加入无花果，随后加入蓝纹奶酪与核桃（如果你当天吃的话），最后再加入皱叶菊苣。将罐子密封好。

球芽甘蓝、帕尔玛奶酪与美洲山核桃

500ml罐沙拉——备餐时间：10分钟

所需食材

100g球芽甘蓝，撕碎并摆放整齐·25g帕尔玛奶酪切成薄片
25g烤美洲山核桃，切碎·1~2汤匙量的柠檬调味汁（见P16）
20g干蔓越橘

这种沙拉中的球芽甘蓝富含抗氧化物及能够提高免疫力的维生素C，
同时具有消炎功能和降低胆固醇的维生素K。

O 骨骼健康 **DC** 降低胆固醇 **V** 增加维生素

将调味汁放入一个容量为500ml的罐子的底部。先加入球芽甘蓝，随后加入
帕尔玛奶酪，再加入干蔓越橘，最后加入美洲山核桃。将罐子密封好。

蓝莓、菲达奶酪与核桃

500ml罐沙拉——备餐时间：5分钟

所需食材

25g菲达奶酪，碾成小碎片·40g蓝莓·15g水菜

15g嫩羽衣甘蓝·20g烤核桃，切碎

1~2汤匙量的法式调味汁（见P20）·少许辣椒片

这种沙拉富含抗氧化物，有助于心脏健康、修复细胞并降低患癌症的风险。

DI 增强免疫力　**RS** 调和气血　**G** 稳定血糖

将调味汁放入一个容量为500ml的罐子的底部。先加入菲达奶酪、辣椒片和蓝莓，
再加入水菜和嫩羽衣甘蓝，最后加入核桃。将罐子密封好。

芹菜与帕尔玛奶酪

500ml罐沙拉——备餐时间：5分钟

所需食材

100g芹菜，切片·75g煮熟的或罐装的鹰嘴豆·20g帕尔玛奶酪，碾成小碎片
1~2汤匙量的柠檬调味汁（见P16）·25g葡萄干·1小把芹菜叶
1小把不加盐的烤杏仁，切碎

这种沙拉中的鹰嘴豆含有丰富的蛋白质和纤维，会令你有饱腹感。
它们还包含极丰富的铁元素、维生素B_6和镁元素。

H 保湿 S 增强血液流动 LF 抑制饥饿感

将调味汁放入一个容量为500ml的罐子的底部。先加入芹菜，
随后加入鹰嘴豆、葡萄干和芹菜叶。最后再加入杏仁
和帕尔玛奶酪。将罐子密封好。

柠檬小胡瓜面条

500ml罐沙拉——备餐时间：10分钟

所需食材

100g绿色西葫芦，切入面条中·25g菲达奶酪
1~2汤匙量的柠檬调味汁（见P16）
5g罗勒叶与香葱碎·1汤匙量的烤松仁

富含对心脏健康有益的单不饱和脂肪酸，这有助于降低胆固醇和香精油，从而预防人体内不需要的细菌的滋长。

(H) 保湿　(RS) 调和气血　(AP) 减肥

将调味汁放入一个容量为500ml的罐子底部。先加入西葫芦面条，随后加入菲达奶酪、罗勒叶与香葱，最后加入松仁。将罐子密封好。

芝麻菜、茴香与帕尔玛奶酪

500ml罐沙拉——备餐时间：10分钟

所需食材

75g茴香，切成薄片·25g嫩芝麻菜·20g帕尔玛奶酪，用快速削皮器削成薄片
1~2汤匙量的柠檬调味汁（见P16）·半个小牛油果，去皮、去核并切成薄片

这种沙拉富含钾元素，钾元素是有助于降低
血压的一种矿物质。

AP 减肥　**D** 有助于消化　**SG** 不含麸质

将调味汁放入一个容量为500ml的罐子的底部。先加入茴香，随后加入
芝麻菜，再加入牛油果。剪一小块方形的烘焙油纸并将其直接
放在牛油果上。加入帕尔玛奶酪并将罐子密封好。

块根芹与甜菜根奶油酱

500ml罐沙拉——备餐时间：15分钟

所需食材

50g去皮的块根芹，切丝·50g混合的彩色甜菜根，去皮并切丝
1条熏鲭鱼片，去皮并切成薄片
1~2汤匙量的奶油酱（见P32），奶油酱里
加入1汤匙量的全谷麦末和平叶欧芹

一种富含硝酸盐和人体必需的脂肪酸的沙拉，硝酸盐有助于降低血
压和预防心脏病，而脂肪酸则有利于细胞的生长和修复。

(R) 有益于生殖系统　(RS) 调和气血　(PF) 净化肝脏

将奶油酱放入一个容量为500ml的罐子的底部。先加入块根芹，
随后加入甜菜根，再加入鲭鱼。将罐子密封好。

西蓝花、羽衣甘蓝与卡姆小麦

500ml罐沙拉——备餐时间：25分钟

所需食材

55g煮熟并调味过的卡姆小麦·125g西蓝花，摆放整齐并用沸水烫使其变白（90g）

100g羽衣甘蓝、去茎并用沸水烫使其变白（50g）

1~2汤匙量的特调芝麻酱（见P18）·1个洋葱，切碎

5g烤南瓜子·5g烤开心果，去壳

这种沙拉富含维生素A和维生素C，它们能抵御对
身体细胞造成伤害的危险的自由基。

RM 富含矿物质　G 稳定血糖　N 促进神经系统

将调味汁放入一个容量为500ml的罐子的底部。先加入香葱，随后加入
卡姆小麦。挤出西蓝花和羽衣甘蓝中多余的水分，将它们大致切碎
并放入罐中。加入南瓜子和开心果。将罐子密封好。

黑豆与玉米

500ml罐沙拉——备餐时间：5分钟

所需食材

50g新鲜甜玉米或冻甜玉米・75g煮熟的或罐装的黑豆
100g新鲜的番茄沙司・半个小牛油果，去皮、去核并切成丁儿
20g长叶莴苣，切碎・1小把玉米条

这种沙拉中的黑豆为消化道提供了较好的支持，降低了患结肠癌的风险。

R 饱腹感 **D** 有助于消化 **DC** 控制体重

将西红柿沙司放入一个容量为500ml的罐子的底部。先加入甜玉米，随后
加入黑豆。再加入牛油果和长叶莴苣。剪一小块方形的烘焙油纸并
直接将其放在长叶莴苣上。加入玉米条并将罐子密封好。

西瓜、番茄与菲达奶酪

500ml罐沙拉——备餐时间：10分钟

所需食材

75g黄色圣女果，切半·85g去皮的无籽西瓜，切成小立方体·30g菲达奶酪
1~2汤匙量的红葡萄酒调味汁（见P28）
1/4个洋葱，切成薄片·10g罗勒叶和欧芹叶

这种沙拉富含对人体有益的营养素和抗氧化物，是
维生素A、维生素C和叶酸的丰富来源。

H 保湿 **RD** 调节消化 **N** 促进神经系统

将调味汁放入一个容量为500ml的罐子的底部。先加入洋葱，再加入圣女果，
随后加入西瓜、菲达奶酪、罗勒叶和欧芹叶。将罐子密封好。

利马豆、石榴与香蒜酱

500ml罐沙拉——备餐时间：10分钟

所需食材

10g煮熟的或罐装的利马豆·40g石榴籽
2汤匙量的新鲜的香蒜酱·40g芹菜，切段
25g芝麻菜，切碎·1汤匙量的松仁

这种沙拉中的石榴富含黄酮和多酚类物质，是强大
的抗氧化物，可预防心脏病和癌症。

将香蒜酱放入一个容量为500ml的罐子的底部。先加入利马豆，
随后加入石榴籽，再加入芹菜和芝麻菜，
加入松仁并将罐子密封好。

烤辣椒、豆类与山羊奶酪

500ml罐沙拉——备餐时间：10分钟

所需食材

1小根黄辣椒，去芯、去籽、切成四瓣并烘烤（烤后重75g）

50g煮好的或罐装的蔓越莓豆・50g四季豆，摆放整齐、

烘烤并切半（烘烤、切半后重30g）・20g山羊奶酪

65g菊苣，切碎・1~2汤匙量的法式调味汁（见P20）

1小把龙蒿叶，大致切碎

这种沙拉富含类胡萝卜素，有助于预防某种形式的癌症和心脏病，并提高对传染病的免疫能力。

SG 不含麸质　Ⅰ 抗感染　RC 有益于心血管健康

将调味汁放入一个容量为500ml的罐子的底部。先加入烘烤过的黄辣椒，随后加入蔓越莓豆。再加入烘烤过的四季豆、山羊奶酪和龙蒿，最后加入菊苣。将罐子密封好。

草莓与哈罗米奶酪

500ml罐沙拉——备餐时间：15分钟

所需食材

50g茴香，切薄片·75g草莓，择掉蒂并切成四瓣
50g哈罗米奶酪，烘烤或略微烤焦点儿·25g豆瓣菜
2汤匙量的香醋调味汁（见P14）

这种沙拉是有益于免疫系统的维生素C，能降低血压的硝酸盐和有益于骨骼健康的维生素K的重要来源。

SG 不含麸质　**AI** 消炎　**SS** 促进血液循环

将调味汁放入一个容量为500ml的罐子的底部。先加入茴香，再加入草莓，随后加入豆瓣菜。剪一小块方形的烘焙油纸并直接将其放在豆瓣菜上。加入哈罗米奶酪并将罐子密封好。

熏鲑鱼、酸豆与豆瓣菜

500ml罐沙拉——备餐时间：10分钟

所需食材

50g熏鲑鱼・50g波斯黄瓜，切片・10g豆瓣菜

1~2汤匙量的苹果醋调味汁（见P30）

半汤匙的酸豆，洗净・1/4个洋葱，切成丝

1/4个小牛油果，去皮、核并切片・1小把平叶欧芹叶

这种沙拉富含有益于心脏健康的脂肪，有助于保护
你远离高胆固醇、糖尿病和高血压。

将调味汁放入一个容量为500ml的罐子的底部。先加入洋葱，
随后加入酸豆，再加入黄瓜、熏鲑鱼、牛油果和欧芹叶，
最后加入豆瓣菜。将罐子密封好。

葡萄柚、开心果与豆瓣菜

500ml罐沙拉——备餐时间：10分钟

所需食材

85g葡萄柚（半个小葡萄柚），切瓣·20g豆瓣菜·15g开心果

1~2汤匙量的泰国提神酒（见P22）

30g小萝卜，切成薄片·1棵小葱，切末

这是一种对减肥大有裨益的沙拉，含有许多让你保持饱腹感的
纤维和保湿的水分。

H 保湿　DX 排毒　SG 不含麸质

将调味汁放入一个容量为500ml的罐子的底部。先加入小葱，随后加入葡萄柚，
再加入小萝卜、豆瓣菜和开心果。将罐子密封好。

芦笋与豆瓣菜

500ml罐沙拉——备餐时间：15分钟

所需食材

200g芦笋，摆放整齐、烘烤并切段（120g摆放整齐的生芦笋，煮熟后重65g）
2汤匙量的红葡萄酒调味汁（见P28）·1棵小葱，切成薄片
1个小萝卜，切成薄片·1汤匙量的酸豆
1个煮熟的鸡蛋，切碎·20g豆瓣菜

芦笋是含有消炎作用的微型营养物质和抗氧化物，能降低出现
常见的慢性健康问题的风险，如心脏病等。

将调味汁放入一个容量为500ml的罐子的底部。先加入小葱，
随后加入小萝卜和烘烤过的芦笋，再加入酸豆和鸡蛋，
最后加入豆瓣菜。将罐子密封好。

塔博勒沙拉

500ml罐沙拉——备餐时间：10分钟

所需食材

55g煮熟并调味过的碾碎的干小麦（15g生小麦）

50g番茄，切块·50g无籽黄瓜，切块

1~2汤匙量的柠檬调味汁（见P16）·2棵小葱，切成很薄的薄片

5g小薄荷叶·5g小的平叶欧芹叶

这种沙拉维生素含量高，血糖负荷低，能保持血糖稳定。

 保湿  有助于消化  稳定血糖

将调味汁放入一个容量为500ml的罐子的底部。先加入小葱，随后加入碾碎的干小麦，再加入番茄、黄瓜、薄荷叶和欧芹叶。将罐子密封好。

圣女果、马苏里拉奶酪与芝麻菜

500ml罐沙拉——备餐时间：5分钟

所需食材

3颗大的圣女果，切半・50g腌制的马苏里拉奶酪，切半
20g嫩芝麻菜・1~2汤匙量的香醋调味汁（见P14）
1/4个洋葱，切丝・1/4个小牛油果，去皮、核并切块

这种沙拉中的圣女果富含抗氧化番茄红素，能降低患心血管疾病和癌症的风险。

SG 不含麸质 **B** 抗细菌 **N** 促进神经系统

将调味汁放入一个容量为500ml的罐子的底部。先加入红洋葱，
随后加入圣女果、马苏里拉奶酪和牛油果，
最后加入嫩芝麻菜。将罐子密封好。

小麦、苹果与椰枣

500ml罐沙拉——备餐时间：10分钟

所需食材

50g澳洲青苹果或其他酸苹果，切片·50g小麦

5小颗去核软椰枣，切碎·1~2汤匙量的杏仁味噌酱（见P34）

1小把脆豆芽（如小豆芽、鹰嘴豆芽、小扁豆芽）

10g微型蔬菜（如羽衣甘蓝、芝麻菜或向日葵）

这种沙拉中的发芽的谷物、豆类和种子中的蛋白质、纤维和身体
所必需的脂肪酸的含量比其他不发芽的谷物含量要高。

D 有助于消化　**LF** 抑制饥饿感　**O** 骨骼健康

将杏仁味噌酱放入一个容量为500ml的罐子的底部。
随后加入苹果，再加入小麦、椰枣和微型蔬菜，
最后加入发芽的谷物。将罐子密封好。

金枪鱼、茴香与鹰嘴豆

500ml罐沙拉——备餐时间：10分钟

所需食材

50g滤干水分的优质金枪鱼·50g细切的茴香
60g煮熟的或罐装的鹰嘴豆·2汤匙量的柠檬调味汁（见P16）
30g去核的卡拉玛塔橄榄，切碎·1棵小葱，切末
20g苜蓿、小萝卜或西蓝花芽

这种沙拉富含纤维和蛋白质，血糖指数低。

增强免疫力　　富含矿物质　　不含麸质

将调味汁放入一个容量为500ml的罐子的底部。先加入茴香，随后加入鹰嘴豆，再加入小葱、金枪鱼和橄榄，最后加入西蓝花芽。将罐子密封好。

大罐

　　大罐沙拉是包含谷物、瘦肉蛋白和许多水果与蔬菜的完整的一餐。它们既丰盛又健康。想想你能买到的可以混合搭配的谷物和绿色蔬菜，这仅仅是建议而已。别忘了在你计划吃沙拉的当天再加入水果，以防止不必要的潮湿。

鸡肉恺撒沙拉与羽衣甘蓝·尼斯风味荞麦
热熏鲑鱼、藜麦与酸奶黄瓜酱
阿拉伯风味蔬菜沙拉·科布沙拉·亚式鸡肉
咖喱鸡肉·扁豆、茄子与葡萄干·沙拉三明治
菰米与油桃·斯佩尔特小麦、葡萄与利马豆
桃子、藜麦与蒲公英·鲑鱼与斯佩尔特小麦
夏季烧烤·斑豆、西蓝花与阔叶菊苣
羽衣甘蓝、红薯与大麦·沃尔多夫
豌豆、蚕豆与卡姆小麦·酸甜冬南瓜
烤花椰菜·希腊沙拉·奶油藜麦沙拉
香菇、蔓越橘与扁豆

鸡肉恺撒沙拉与羽衣甘蓝

1000ml罐沙拉——备餐时间：10分钟

所需食材

110g圣女果，切半・65g煮熟的鸡胸肉，切块
50g切碎的（红色和绿色）羽衣甘蓝・2~3汤匙量的恺撒调味汁（见P24）
15g切碎的帕尔玛奶酪・1小把油炸面包块（用烘焙油纸隔离）

这种沙拉富含一种维生素B族——叶酸，对脑部发育至关重要。

DX 排毒　**LF** 抑制饥饿感　**N** 促进神经系统

将调味汁放入一个容量为1000ml的罐子的底部。先加入圣女果，随后加入鸡肉、羽衣甘蓝和帕尔玛奶酪。剪一小块方形的烘焙油纸并直接将其放在帕尔玛奶酪上。加入油炸面包块并将罐子密封好。

尼斯风味荞麦

1000ml罐沙拉——备餐时间：15分钟

所需食材

85g金巴利番茄，切块·100g煮熟并调过味的荞麦
50g四季豆，摆放整齐，用沸水烫过并将其三等分
50g滤去水分并切片的金枪鱼·40g尼斯风味橄榄
25g什锦生菜（长叶生菜），撕成小碎片
2~3汤匙量的法式调味汁（见P20）·1个煮熟的鸡蛋，切碎

这种沙拉富含蛋白质和纤维，可以维持较长时间的饱腹感。

D 有助于消化　**LF** 抑制饥饿感　**DI** 增强免疫力

将调味汁放入一个容量为1000ml的罐子的底部。先加入番茄，
随后加入荞麦、四季豆、鸡蛋、金枪鱼和橄榄，
最后加入什锦生菜。将罐子密封好。

热熏鲑鱼、藜麦与酸奶黄瓜酱

1000ml罐沙拉——备餐时间：10分钟

所需食材

100g煮熟并调味过的白色和红色藜麦·50g无皮热熏鲑鱼，切成薄片
75g酸奶黄瓜酱·50g芹菜，切成很细的细段·25g甜菜根，
2小把多种颜色的甜菜叶（大约150g），去皮并切成很细的细段（100g）
15g烤榛子，切碎

甜菜叶比菠菜含有更多的铁元素，有助于抵抗阿尔茨海默病
和骨质疏松症。

RP 修复皮肤　**B** 抗细菌　**SG** 不含麸质

将酸奶黄瓜酱放入一个容量为1000ml的罐子的底部。先加入芹菜，
随后加入甜菜根，再加入藜麦、切成薄片的鲑鱼和甜
菜叶，最后加入榛子。将罐子密封好。

阿拉伯风味蔬菜沙拉

1000ml罐沙拉——备餐时间：10分钟

所需食材

85g圣女果，切半·50g去核的黑橄榄，切半
85g无籽黄瓜，切丁·60g长叶莴苣，切碎
2~3汤匙量的柠檬调味汁（见P16）·5g薄荷叶
5g平叶欧芹叶·1小把皮塔饼片（用烘焙油纸隔离）

有助于消化和排出毒素的绝佳沙拉。

H 保湿　DX 排毒　P 净化

将调味汁放入一个容量为1000ml的罐子的底部。先加入圣女果，随后加入橄榄、
黄瓜、薄荷叶、欧芹叶和长叶莴苣。剪一小块方形的烘焙油纸并直接
将其放在长叶莴苣上。加入皮塔饼片并将罐子密封好。

科布沙拉

1000ml罐沙拉——备餐时间：15分钟

所需食材

75g番茄，切块·75g无籽黄瓜，切丁
55g煮熟的鸡胸肉，撕碎·50g长叶莴苣，切碎
2~3汤匙量的红葡萄酒调味汁（见P28）·1个煮熟的鸡蛋，去皮并切碎
半个小牛油果，去皮、核并切丁·30g碾碎的蓝纹奶酪（如戈尔根朱勒干酪）

这是瘦肉蛋白补充剂。蛋白质不仅能让你有饱腹感，而且还有助于构建和修复组织，是构建骨骼、肌肉、皮肤和血液的重要组成部分。

SG 不含麸质 **LF** 抑制饥饿感 **BM** 改善心情

将调味汁放入一个容量为1000ml的罐子的底部。先加入番茄，随后加入黄瓜，再加入鸡胸肉、鸡蛋、牛油果和蓝纹奶酪，最后加入长叶莴苣。将罐子密封好。

亚式鸡肉

1000ml罐沙拉——备餐时间：15分钟

所需食材

50g煮熟的鸡胸肉，撕碎·75g凉拌菜丝

大杂烩（胡萝卜与芹菜混合）·25g荞麦面，煮熟放凉（大约65g）

20g不加盐的烤花生，粗切成花生碎

2~3汤匙量的泰国提神酒（见P22）·2棵小葱，切末

半根红辣椒，切成很薄的薄片（如墨西哥辣椒）·5g香菜叶

红辣椒中的辣椒素有消炎的功能，有益于心血管，是一种天然的止疼药，有助于消除鼻塞。

🅘 抗感染　🅢 增强血液循环　🅐🅘 消炎

将泰国提神酒放入一个容量为1000ml的罐子的底部。先加入小葱，随后加入凉拌菜丝大杂烩、煮熟的荞麦面、红辣椒、鸡胸肉和花生，最后加入香菜叶。将罐子密封好。

咖喱鸡肉

1000ml罐沙拉——备餐时间：15分钟

所需食材

75g煮熟的鸡胸肉，撕碎
100g煮熟并调味过的糙米·20g红叶莴苣，撕碎
1根芹菜梗，切碎·2~3汤匙量的奶油酱（见P32），
与1咖啡匙量的芒果酱和半咖啡匙量的咖喱粉混合
10g香菜叶·1小把杏仁

这种沙拉是锰元素的良好来源，能帮助身体消化胆固醇、
蛋白质和碳水化合物。

H 保湿　**RD** 调节消化　**SG** 不含麸质

将奶油酱放入一个容量为1000ml的罐子的底部。先加入芹菜，随后加入糙米，
再加入鸡胸肉、莴苣和香菜叶，最后加入杏仁。将罐子密封好。

扁豆、茄子与葡萄干

1000ml罐沙拉——备餐时间：5分钟

所需食材

175g煮熟的普伊扁豆·140g腌泡过的茄子薄片
25g金黄色葡萄干·30g山羊奶酪，切成厚片·50g腌过的洋蓟
50g烤菊苣，切碎·2汤匙量的红葡萄酒调味汁（见P28）

这种沙拉中的茄子富含抗氧化的花青素，可保护脑细胞膜中
人体所必需的脂肪。

将扁豆放入一个容量为1000ml的罐子的底部。倒入调味汁并搅拌均匀。
先加入洋蓟，随后加入茄子，再加入山羊奶酪和葡萄干，
最后加入烤菊苣。将罐子密封好。

沙拉三明治

1000ml罐沙拉——备餐时间：10分钟

所需食材

75g沙拉三明治（大约3块），切为大厚块·85g煮熟或罐装的鹰嘴豆
100g红球甘蓝，切碎·75g长叶莴苣，切碎
2~3汤匙量的特调芝麻酱（见P18）·半个洋葱，切碎
1份泡菜，切碎（大约75g）

这种沙拉有助于保持血糖稳定，并让你远离饥饿。

H 保湿 AO 抗氧化 PF 清洁肝脏

将特调芝麻酱放入一个容量为1000ml的罐子的底部。先加入洋葱，随后加入红球甘蓝，再加入泡菜、鹰嘴豆和沙拉三明治，最后加入长叶莴苣。将罐子密封好。

菰米与油桃

1000ml罐沙拉——备餐时间：10分钟

所需食材

100g煮熟并调味过的菰米·85g糖豌豆，
摆放整齐并将其三等分·1个小油桃，去核并切丁
2~3汤匙量的香醋调味汁（见P14）
30g蓝纹奶酪·30g嫩芝麻菜

这种沙拉中的菰米的蛋白质含量是糙米的两倍，其抗氧化物含量是精大米的30倍。

AL 使身体呈碱性　**D** 有助于消化　**SG** 不含麸质

将调味汁放入一个容量为1000ml的罐子的底部。先加入糖豌豆，随后加入菰米，
再加入油桃和蓝纹奶酪，最后加入芝麻菜。将罐子密封好。

斯佩尔特小麦、葡萄与利马豆

1000ml罐沙拉——备餐时间：15分钟

所需食材

100g煮熟并调味过的斯佩尔特小麦（40g生的斯佩尔特小麦）·100g无籽的
红葡萄和绿葡萄，切半·100g煮熟的或罐装的利马豆

130g唐莴苣（2片大叶子），去茎，叶子粗切

2汤匙量的香醋调味汁（见P14）

半根黄辣椒，去籽并切丝·30g熟的或用苹果

木熏制的切达干酪，切成小立方体·25g切碎的烤榛子

这种沙拉富含有助于调节血糖的植物物质以及
增强骨质的钙元素、镁元素和维生素K。

D 有助于消化　O 骨骼健康　RT 降低血压

将调味汁放入一个容量为1000ml的罐子的底部。先加入黄辣椒，
随后加入斯佩尔特小麦，再加入葡萄、利马豆、唐莴苣和
切达干酪，最后加入榛子。将罐子密封好。

桃子、藜麦与蒲公英

1000ml罐沙拉——备餐时间：10分钟

所需食材

100g煮熟的或罐装的鹰嘴豆·1个水蜜桃，去皮并切块
140g煮熟并调味过的藜麦（50g生藜麦）·50g蒲公英叶子，切碎
2汤匙量的加了1咖啡匙量蜂蜜的柠檬调味汁（见P16）
25g烤杏仁，切碎

蒲公英通过调节胆汁的产生来辅助肝脏和胆囊。过量的胆汁进入血液会严重影响新陈代谢。

C 治疗　PF 清洁肝脏　I 抗感染

将调味汁放入一个容量为1000ml的罐子的底部。先加入鹰嘴豆，随后加入水蜜桃，再加入藜麦、蒲公英和杏仁。将罐子密封好。

鲑鱼与斯佩尔特小麦

1000ml罐沙拉——备餐时间：10分钟

所需食材

100g煮熟的并调味过的斯佩尔特小麦·75g煮熟的无皮鲑鱼，切片
85g多种颜色的圣女果·35g黄辣椒，去籽并切丝
2~3汤匙量的绿色女神调味汁（见P26）
20g水菜·20g芝麻菜

斯佩尔特小麦富含膳食纤维，膳食纤维能通过消化道帮助食物移动，
从而加速营养物质的吸收并减少胃肠不适。

Ⓕ 增强体质　Ⓔ 增强活力　ⓇⒹ 调节消化

将调味汁放入一个容量为1000ml的罐子的底部。先加入圣女果，
随后加入斯佩尔特小麦、黄辣椒和鲑鱼，最后加入水菜和芝麻菜。将罐子密封好。

夏季烧烤

1000ml罐沙拉——备餐时间：20分钟

所需食材

1个黄色小南瓜（大约150g），纵向切成厚片并烘烤

8根中等大小的芦笋，摆放整齐并烘烤·85g煮熟的或罐装的眉豆

2汤匙量的新鲜的红色或绿色香蒜酱

1小根黄色辣椒，去籽、切成四瓣并烘烤·4片散叶甘蓝叶（大约120g），

去掉粗茎，烘烤·20g瑞可达奶酪，切成薄片

这种沙拉富含维生素A、维生素C和铁元素，对于健康的皮肤和头发来说是必不可少的。

RP 修复皮肤　DX 排毒　DC 控制体重

将香蒜酱放入一个容量为1000ml的罐子的底部。将南瓜粗切后加入罐子，随后加入芦笋、眉豆、黄辣椒和散叶甘蓝叶，最后加入瑞可达奶酪。将罐子密封好。

斑豆、西蓝花与阔叶菊苣

1000ml罐沙拉——备餐时间：10分钟

所需食材

100g混有莳萝的斑豆·100g西蓝花，切片·50g阔叶菊苣
50g菲达奶酪·2汤匙量的红葡萄酒调味汁（见P28）
1小棵香葱，切末

这种沙拉富含维生素K和维生素C，前者是正常凝血所必需的，而后者则能预防感冒。

I 增强免疫力　**D** 有助于消化　**G** 稳定血糖

将调味汁放入一个容量为1000ml的罐子的底部。先加入香葱，随后加入斑豆，再加入西蓝花和菲达奶酪，最后加入阔叶菊苣。将罐子密封好。

羽衣甘蓝、红薯与大麦

1000ml罐沙拉——备餐时间：30分钟

所需食材

125g煮熟的并调味过的大麦 · 175g红薯，去皮，
切为立方体并烘烤（烤后重100g）· 150g皱叶羽衣甘蓝，
去茎、蒸煮并切碎（去茎并蒸煮后重120g）· 85g圣女果，切半
2~4汤匙量的苹果醋调味汁（见P30）
半个洋葱，切碎 · 1汤匙量的烤松仁

这种沙拉含有营养胆碱，有助于睡眠、肌肉运动、学习和记忆。
它还有助于脂肪的吸收及神经冲动传递。

RJ 令人焕发活力　**DC** 控制体重　**G** 稳定血糖

将调味汁放入一个容量为1000ml的罐子的底部。先加入洋葱，
随后加入大麦，再加入红薯、圣女果和蒸煮过的羽衣
甘蓝，最后加入松仁。将罐子密封好。

沃尔多夫

1000ml罐沙拉——备餐时间：10分钟

所需食材

140g酸苹果，去核并切块·100g红球甘蓝，切丝
125g芹菜，细切·50g花生
2汤匙量的奶油酱（见P32）

这种沙拉富含纤维，有助于保持身体正常并清洁肠道，
可以维持较长时间的饱腹感。

H 保湿　**D** 有助于消化　**RT** 降低血压

将奶油酱放入一个容量为1000ml的罐子的底部。先加入酸苹果，随后加入
红球甘蓝和芹菜，最后加入花生。将罐子密封好。

豌豆、蚕豆与卡姆小麦

1000ml罐沙拉——备餐时间：15分钟

所需食材

100g煮熟的并调味过的卡姆小麦·100g蚕豆，去壳并用沸水烫过（去壳后重80g）

75g新鲜的或冷冻的英国豌豆，用沸水烫过

2~3汤匙量加了10g被磨碎的帕尔玛奶酪的柠檬调味汁（见P16）·30g豌豆苗

20g烤杏仁，切碎·2棵小葱，切末

控制体重的绝好沙拉，这种沙拉富含膳食纤维、蛋白质和对心脏健康有益的脂肪。

D 有助于消化　SS 促进血液循环　I 抗感染

将调味汁放入一个容量为1000ml的罐子的底部。先加入小葱，随后加入卡姆小麦、蚕豆、豌豆和杏仁，最后加入豌豆苗。将罐子密封好。

酸甜冬南瓜

1000ml罐沙拉——备餐时间：30分钟

所需食材

125g煮熟的或调味过的糙米（30g生糙米）

180g去皮、去子并切成立方体的冬南瓜，烘烤（烤后重75g）

100g去皮并切成块的芒果·2汤匙量的泰国提神酒（见P22）

50g胡萝卜，去皮并切丝·2棵小葱，切末

20g混合的新鲜薄荷叶和香菜叶

这种沙拉富含类胡萝卜素，能预防心脏病，尤其是 β–胡萝卜素，
是保护细胞并降低患癌症风险的抗氧化物。

AL 使身体呈碱性　**D** 有助于消化　**RP** 修复皮肤

将泰国提神酒放入一个容量为1000ml的罐子的底部。先加入小葱，随后加入糙米、
胡萝卜、冬南瓜和芒果，最后加入薄荷叶和香菜叶。将罐子密封好。

烤花椰菜

1000ml罐沙拉——备餐时间：25分钟

所需食材

150g生花椰菜，烘烤（烤后重100g）·130g唐莴苣，去茎，叶子细切
85g煮熟的或罐装的鹰嘴豆
2~4汤匙量的特调芝麻酱（P18）·2棵小葱，切成薄片
1根波斯黄瓜，切片·50g小萝卜，切片

这种沙拉含有膳食硝酸盐，经证明，在运动中，膳食硝酸盐能加强肌肉氧合，从而提升耐力。

AI 消炎　RM 富含矿物质　G 稳定血糖

将特调芝麻酱放入一个容量为1000ml的罐子的底部。先加入小葱，随后加入鹰嘴豆、黄瓜、小萝卜、花椰菜和唐莴苣。将罐子密封好。

希腊沙拉

1000ml罐沙拉——备餐时间：10分钟

所需食材

85g煮熟的或罐装的鹰嘴豆·85g圣女果，切半
85g无籽黄瓜，切丁·50g去核的黑橄榄
35g菲达奶酪，切碎·75g小宝石生菜，切碎
半个洋葱，切成丝
2~3汤匙量的红葡萄酒调味汁（见P28），在调味汁中加入半咖啡匙量的干牛至

这种沙拉富含保湿和消炎功能的成分。

将调味汁放入一个容量为1000ml的罐子的底部。先加入洋葱，随后加入鹰嘴豆、圣女果、黄瓜、黑橄榄和菲达奶酪，最后加入生菜。将罐子密封好。

奶油藜麦沙拉

1000ml罐沙拉——备餐时间：15分钟

所需食材

100g煮熟的并调味过的红色和白色藜麦·55g鹰嘴豆泥

50g煮熟的或罐装的黑豆·35g托斯卡纳羽衣甘蓝或意大利深绿甘蓝，切碎

1咖啡匙量的橄榄油，淋在沙拉上面·半个小橙子（75g），掰成瓣（掰后重50g）

半个小牛油果，去皮、核并切片·1小把芽菜（如小扁豆、鹰嘴豆、苜蓿、西蓝花）

这种沙拉富含维生素C，维生素C是修复受损组织所必不可少的，它能抵抗自由基，因而对心脏病和感冒的恢复能起到一定的作用。

DI 增强免疫力 **RS** 调和气血 **B** 对抗细菌

将鹰嘴豆泥放入一个容量为1000ml的罐子的底部。淋上橄榄油。先加入黑豆，随后加入藜麦、橙子瓣、牛油果和羽衣甘蓝，最后加入芽菜。将罐子密封好。

香菇、蔓越橘与扁豆

1000ml罐沙拉——备餐时间：25分钟

所需食材

150g煮熟的普伊扁豆·100g小香菇，烘烤（带茎）·30g山羊奶酪，
碾碎·25g脱水蔓越橘·30g混合的嫩绿色蔬菜·15g烤杏仁，
切碎·2汤匙量的法式调味汁（见P20）·1小把山萝卜叶

这种沙拉是绝佳的铁元素补充剂。铁元素是将氧气输送到全身的不可或缺的元素。

将扁豆放入一个容量为1000ml的罐子的底部。淋上调味汁，撒上山萝卜
叶并搅拌均匀。先加入香菇，再加入山羊奶酪、蔓越橘和
嫩绿色蔬菜，最后加入杏仁。将罐子密封好。

甜蜜的结束

　　本章所述的早餐、甜点和零食任你挑选。谷物、富含蛋白质的酸奶、水果和种子构成的沙拉让你一整天都具有饱腹感。由于这些食谱中都含有新鲜水果，因此最好在24小时之内食用完毕。

隔夜燕麦·李子冻糕·椰子、奇亚籽与浆果
藜麦与黑莓·热带水果大杂烩
椰枣、草莓与巴西坚果

隔夜燕麦

300ml罐沙拉——备餐时间：10分钟，外加等待时间

所需食材

35g燕麦片・50g苹果，切丁・30g果干儿，切碎
100ml新鲜苹果汁・50g原味酸奶（最好是低脂肪或无脂肪的酸奶）
15g切碎的坚果・5g枫糖浆

燕麦富含锰元素，锰元素对于骨骼、皮肤健康、血糖控制
及保护细胞使其免受损伤来说是必不可少的。

D 有助于消化　E 能量提升　G 稳定血糖

将燕麦放入一个容量为300ml的罐子的底部。先加入苹果汁，
随后加入果干儿并混合均匀。15分钟之后或隔夜以后再加入
苹果、酸奶、切碎的坚果和枫糖浆。将罐子密封好。

李子冻糕

300ml罐沙拉——备餐时间：20分钟

所需食材

2个大李子（175g），去核并切为12片·150g希腊酸奶
（最好是低脂肪或无脂肪的酸奶）·30g格兰诺拉麦片
1汤匙量的椰糖·2汤匙量的水

李子能使你的身体吸收铁元素的能力得到增强，而希腊酸奶则是蛋白质和益生菌的主要来源。

B 抗细菌　**LF** 抑制饥饿感　**G** 稳定血糖

在小炖锅里将李子与椰糖、水一起煮，直到李子变软，直到溶液像糖浆般甜腻黏稠为止。在容量为300ml的罐子里分层放置酸奶和格兰诺拉麦片。将罐子密封好。

椰子、奇亚籽与浆果

300ml罐沙拉——备餐时间：5分钟

所需食材

100ml淡椰奶·20g新鲜的椰肉，切碎
1汤匙量的奇亚籽·2咖啡匙量的蜂蜜
1小把树莓·1小把蓝莓

奇亚籽是一种超级食物，富含维生素、OMEGA–3脂肪酸、
抗氧化物和蛋白质。

F 增强体质　RS 调和气血　LF 抑制饥饿感

将奇亚籽放入一个容量为300ml的罐子的底部。加入椰奶、切碎了的椰肉和
蜂蜜并搅拌均匀。在上面放上树莓和蓝莓。将罐子密封好。

藜麦与黑莓

300ml罐沙拉——备餐时间：5分钟

所需食材

75g黑莓·75g煮熟的红色或白色藜麦

125g希腊酸奶（最好是低脂肪或无脂肪的酸奶）·25g杏干，切碎

5g混合种子（如南瓜子和葵花子）·5g蜂蜜

这种沙拉富含镁元素，镁元素对心脏健康和对有益于骨骼健康的钙元素的
吸收来说是至关重要的。

LF 抑制饥饿感　**RT** 降低血压　**G** 稳定血糖

在一个容量为300ml的罐子里，分层放入藜麦、黑莓、希腊酸奶
和杏干。最后放入混合的种子和蜂蜜。将罐子密封好。

热带水果大杂烩

300ml罐沙拉——备餐时间：10分钟

所需食材

50g去皮的芒果，切块·50g去皮、去子的西瓜，切块
50g去皮的猕猴桃（1个），切块·50g去皮的香蕉（1小根），切块
1咖啡匙量的青柠皮加1汤匙量的果汁·1咖啡匙量的椰糖
1小把切碎的椰肉

椰糖包含锌元素、铁元素及抗氧化物等营养物质，使其成为一种比蔗糖更健康的选择。

H 保湿　**C** 治疗　**I** 抗感染

将青柠皮、果汁和椰糖放入一个容量为300ml的罐子的底部并搅拌，使椰糖溶解。将芒果、西瓜、猕猴桃和香蕉分层放置。最后放入椰肉并将罐子密封好。

椰枣、草莓与巴西坚果

300ml罐沙拉——备餐时间：10分钟

所需食材

85g草莓，择掉蒂部并切成四瓣·3颗椰枣，去核（后大约80g）

75g原味酸奶（最好是低脂肪或无脂肪的酸奶）

20g混合烤巴西坚果和去壳开心果

这种沙拉是硒元素的重要来源，硒元素有益于新陈代谢的健康，有益于提升生育能力、认知能力及营造健康的免疫系统。

F 增强体质　D 有助于消化　M 促进新陈代谢

在椰枣中加入1汤匙量的温水，将其做成果酱，待果酱变得非常均匀细腻后，将其放入一个容量为300ml的罐子的底部。先加入酸奶，随后加入草莓，最后加入巴西坚果和开心果。将罐子密封好。

版权声明

© Hachette Livre (Marabout), Paris, 2015
Simplified Chinese edition published through Dakai Agency

图书在版编目（CIP）数据

　　罐沙拉 / （法）安娜·哈莱姆·巴克特著 ；孙萍
译 . — 北京 ：北京美术摄影出版社，2017.6
　（美味轻食）
　　书名原文：Shaker Salades
　　ISBN 978-7-5592-0019-8

　　Ⅰ . ①罐… Ⅱ . ①安… ②孙… Ⅲ . ①沙拉—制作
Ⅳ . ① TS972.118

中国版本图书馆 CIP 数据核字（2017）第 135370 号
北京市版权局著作权合同登记号：01-2016-3717

责任编辑：董维东
助理编辑：杨　洁
责任印制：彭军芳

美味轻食
罐沙拉
GUAN SHALA
[法] 安娜·哈莱姆·巴克特　著　孙萍　译

出　版　北京出版集团公司
　　　　　北京美术摄影出版社
地　址　北京北三环中路 6 号
邮　编　100120
网　址　www.bph.com.cn
总发行　北京出版集团公司
发　行　京版北美（北京）文化艺术传媒有限公司
经　销　新华书店
印　刷　鸿博昊天科技有限公司
版印次　2017 年 6 月第 1 版第 1 次印刷
开　本　635 毫米 ×965 毫米　1/32
印　张　5
字　数　60 千字
书　号　ISBN 978-7-5592-0019-8
定　价　59.00 元
如有印装质量问题，由本社负责调换
质量监督电话　010-58572393